BEI GRIN MACHT SICH IHR WISSEN BEZAHLT

- Wir veröffentlichen Ihre Hausarbeit,
  Bachelor- und Masterarbeit

- Ihr eigenes eBook und Buch -
  weltweit in allen wichtigen Shops

- Verdienen Sie an jedem Verkauf

Jetzt bei www.GRIN.com hochladen
und kostenlos publizieren

Erhalt und Moderniserung denkmalgeschützer Bauten

Anastasiya Michel

Bibliografische Information der Deutschen Nationalbibliothek:

Die Deutsche Nationalbibliothek verzeichnet diese Publikation in der Deutschen Nationalbibliografie; detaillierte bibliografische Daten sind im Internet über http://dnb.d-nb.de abrufbar.

ISBN: 9783346788887
Dieses Buch ist auch als E-Book erhältlich.

Projektarbeit

Internationale Hochschule Duales Studium
Studiengang: Betriebswirtschaft

Erhaltung und Modernisierung denkmalgeschützter Gebäude am Beispiel der Bauten in der Berliner Karl-Marx-Allee

Anastasiya Michel

Marienstraße 26

Abgabedatum: 30.09.2022

Inhaltsverzeichnis

Einleitung 3

1.1   Problemstellung 3

1.2   Aufbau der Arbeit 3

2   Theoretische Fundierung 4

2.1 Historisch-politische Hintergründe 4

2.2 Baustil unter Veränderungen der Politik..5

2.3 Aufnahme in den Denkmalschutz 6

2.4 Nachhaltigkeit und Energieeinsparung 7

3   Methodik..9

4   Forschungsergebnisse 10

5   Schlussfolgerung 11

6   Fazit 12

Literaturverzeichnis...13

Anhang 15

1 Einleitung

1.1 Problemstellung

Die vorliegende Arbeit behandelt eine Problemstellung mit Verknüpfungen aus theoretischem und praktischem Wissen. Das Thema ist die Karl-Marx-Allee in Berlin Friedrichshain. Spannend ist das Thema, weil diese Straße sowohl historisch als auch architektonisch Besonderheiten aufweist. So ist sie auch geprägt von Namensänderungen und politischen Einflüssen. Bürgeraufstände wie der am 17. Juni fanden unter anderem auf der Karl-Marx-Allee statt. Außerdem stehen die Gebäude infolgedessen unter Denkmalschutz, was in der Betreuung der Immobilie sehr interessant sein kann. Besonders in Hinblick auf die Modernisierungen, die im Laufe der Jahre auf Gebäude zukommen. Deshalb soll das Thema der Arbeit lauten: **Erhaltung und Modernisierung denkmalgeschützter Gebäude am Beispiel der Bauten in der Berliner Karl-Marx-Allee.**

Es soll erörtert werden, wie die Betreuung dieser Gebäude umgesetzt wird und unter welchen Auflagen dies geschieht. Es stellt sich auch die Frage, ob es wesentlich aufwendiger ist ein Gebäude unter Denkmalschutz zu verwalten sowohl für Verwalter als auch für Techniker. Ein weiteres Thema wird sein, ob bei den umfangreichen Auflagen des Denkmalschutzes eine Nachhaltigkeit des Gebäudes erzielt werden kann.

Aufgrund des praktischen Bezugs in der Hausverwaltung Optima GmbH konnten empirische Forschungsmethoden herangezogen werden. Am Ende dieser Arbeit soll eine Grundlage für die kommende Bachelorarbeit geschaffen werden, um sich dann spezifischer mit einigen Themen zu befassen. Eine weitere zu prüfende Überlegung zu dieser Arbeit ist auch die Attraktivität dieser Immobilien für Mieter und Eigentümer. Dies wird in dieser vorliegenden Arbeit jedoch nur angeschnitten. Um den Lesefluss der Arbeit zu erleichtern, wird in den meisten Kapiteln nur von Karl-Marx-Allee gesprochen und der andere Teil auf der Frankfurter Allee in der Erwähnung weggelassen. Gemeint sind jedoch beide Abschnitte, auf denen die denkmalgeschützen Bauten liegen.

1.2 Aufbau der Arbeit

Der erste Teil der Theoretischen Fundierung beschäftigt sich mit den historischen und politischen Hintergründen, um ein Verständnis für die Vergangenheit und Bedeutung dieser Straße zu bekommen. Im darauffolgenden Kapitel wird auf den Baustil eingegangen, besonders in Hinblick auf die politischen Veränderungen im Laufe der Zeit, die sich in den Bauten widerspiegeln. Anschließend wird die Aufnahme in den Denkmalschutz thematisiert und es wird auf die verantwortlichen Behörden eingegangen. Im letzten Teil der theoretischen Fundierung geht es um die Nachhaltigkeit des Gebäudes und den Erhalt der Substanz.

Das nächste Kapitel beschäftigt sich mit der Forschungsmethodik. Hier wird die Erhebungs- und Auswertungsmethodik begründet und dargelegt. Es findet auch eine Methodenkritik in diesem Kapitel mit einem Vergleich der relevanten Literatur der Arbeit statt. Im darauffolgenden Abschnitt werden die erarbeiteten Informationen der theoretischen Fundierung präsentiert und analysiert. Anschließend werden die Schlussfolgerungen dessen gezogen und mit eigenen empirischen Ergebnissen verknüpft. Den Abschluss dieser Arbeit liefert das Fazit. Hier können Empfehlungen für weiterführende Untersuchungen und Eingrenzungen des Themas, die während der Forschung aufgetaucht sind, berücksichtigt werden.

2 Theoretische Fundierung

2.1 Historisch-politische Hintergründe

Das folgende Kapitel beschäftigt sich mit der Geschichte der Straße und den Namensänderungen durch die politischen Einflüsse.

Die heute genannte Karl-Marx-Allee ist ein Wahrzeichen des Ostens in Berlin. Sie weist sowohl politisch als auch historisch einen äußerst interessanten Hintergrund auf. Wie die tipBerlin Autorin Xenia Balzereit in ihrem Artikel: „Geschichte der Karl-Marx-Allee: Aufstände, Arbeiterpaläste Ausverkauf" (2022) darstellt, fanden auf dem Prachtboulevard einschneidende historische Ereignisse für Deutschland statt. Zur Zeit der Märzrevolution 1848 und der Novemberrevolution 1918 liefert sich die Menschen unter anderen dort Straßenkämpfe und bauten Barrikaden, um Ihre Gegner aufzuhalten. Zu dieser Zeit hieß die Straße noch Große Frankfurter Straße und das bis Ende des Zweiten Weltkriegs 1949. Nach der Zerstörung durch den Krieg entstanden bis 1960 auf fast zwei Kilometern zwischen Strausberger Platz und Frankfurter Tor, die wohl monumentalsten Straßenbauten des 20. Jahrhunderts in Deutschland.

Als Deutschlands „erste sozialistische Straße" war die zu damaligen Zeiten nun genannte Stalinallee lange Zeit Objekt heftiger Kritik und Gegenreaktionen für den oppositionellen Westen (Berlin.de, 2021). Die imposante Stalinallee war für die meisten Menschen der „Inbegriff der Glorifizierung des sowjetischen Regimechefs" laut Autorin Balzereit (2022). Die neuen Bauten sollten den Sozialismus widerspiegelt und so den Erfolg des neuen Regimes. Es sollte darstellen, dass bald jeder Bürger im Sozialismus luxuriös leben könne.

Ausgelöst durch die Kritik der DDR-Führung und den Wandel in der Gesellschaft fanden am 17. Juni 1953 zahlreiche, große Proteste statt, welche von der Sowjetunion niedergeschlagen werden.

Im Jahr 1963 war es vorbei mit der Stalin Verehrung. Ohne eine offizielle Ankündigung rückten Soldaten der Nationalen Volksarmee an und stürzten 1961 das größte deutsche Stalindenkmal um (Lange, 2022). Acht Jahre nach seinem Tod wurde Stalin von seinem Nachfolger in Russland als

Verbrecher deklariert und es wurden alle Denkmäler und Skulpturen entfernt ebenso wie alle Straßenschilder mit seinem Namen. Der westliche Teil bis zum Frankfurter Tor hieß nun "Karl-Marx-Allee", und der andere "Frankfurter Allee". Im darauffolgenden Kapitel wird auf die Bauweise und den Stil eingegangen.

2.2 Baustil unter Veränderungen der Politik

Wie Bauhistoriker Günter Peters in seinem Artikel: „Baugeschichte der Stalinallee" äußert ist die Karl-Marx-Allee nicht nur Teil der DDR-Historik, sondem auch ein Abschnitt der deutschen Baugeschichte (2001). Sie ist ungefähr 90m breit, drei Kilometer lang und reicht vom Frankfurter Tor in Friedrichshain bis hin zum Alexanderplatz in Mitte (McKerrell 2020.07.25). Die darauf liegenden Gebäude unterscheiden sich jedoch im Stil. Die Straße ist in zwei Teile unterteilt, entlang des imposanteren Teils vom Frankfurter Tor bis zum Strausberger Platz, befinden sich auf ihr monumentale Mehrfamilienhäuser, die im sozialistischen klassizistischen Stil der Sowjetunion entworfen wurden. Dagegen sind die Gebäude vom Strausberger Platz bis zum Alexanderplatz schlichtere Plattenbauten, durchsetzt mit Meisterwerken der Moderne.

Die imposanten Bauten auf den östlichen Seiten bis zum Frankfurter Tor sind im sogenannten „Zuckerbäckerstill" errichtet worden (Berlin.de, 2021). Der Sozialistische Realismus war der einzige Kunststil, der in der Sowjetunion zu finden war und auch der einzige zugelassene. Die Gebäude sind repräsentativ und palastartig mit vielen Ornamenten, Säulen und Türmen als architektonische Merkmale. So spiegelte sich durch die sowjetische Besatzung dieser Stil auch in der DDR wider. Hinzu brachten die Architekten nationale Stilmittel des Klassizismus mit ein. Somit prägen prachtartige Verzierungen mit Elementen antiker Säulen des klassischen Stils die Gebäude der Karl-Marx-Allee. So entsteht der architektonische Baustil des Sozialistischem-Klassizismus oder auch Zuckerbäckerstil. Der Name kommt daher, dass die Gebäude den Anschein einer verzierten Torte haben.

Der zweite Abschnitt zwischen Strausberger Platz und Alexanderplatz, der erst einige Jahre später entstand, weist eine industrielle Bauweise der Moderne auf. Laut der Berliner Senatsverwaltung für Stadtentwicklung, Bauen und Wohnen dokumentiert er auf eindrucksvolle Weise den Paradigmenwechsel im Städtebau der DDR (Senatsverwaltung, n.d.). Diese Aussage bezieht sich auf die im vorherigen Kapitel erwähnten Veränderung der Denkweise in der politischen Ausrichtung und damit das Ende der Stalin Verehrung. Der Zuckerbäckerstil gilt als obsolet und es wurde eine neue Baupolitische Richtung eingeschlagen zum sachlich-funktionalen Stil (Berlin Tourismus & Kongress GmbH, n.d). Diesem Stil folgten Kulturbauten wie das Kino Kosmos, das Kino International und das Café Moskau.

Damals dienten die Gebäude als sogenannte Arbeiterpaläste. In den 1990er Jahren fand eine umfassende Sanierung statt, heute sind Sie im Besitz privater Immobilienfonds und wecken großes Interesse bei Mietern.

2.3 Aufnahme in den Denkmalschutz

Die vorherigen Kapitel über die Historik und die Einzigartigkeit hinter diesen Bauten soll aufweisen auf welcher Grundlage der Aspekt des Denkmalschutzes hier steht. Peters beschreibt die Bauten als einmaliges „städtebaulich- architektonischen Ensembles von internationalem Gewicht" (2001). Sie sind über 70 Jahre alt und stehen aufgrund des historisch-politisches Hintergrunds alle unter Denkmalschutz (Herr Weidlich, Techniker in der Hausverwaltung Optima GmbH, persönliches Interview am 09.06.2022).

Herr Weidlich ist Techniker für die Häuser in dem Bestand der Praxisfirma Hausverwaltung Optima GmbH und hat sowohl mit Mietern auch als Eigentümern in der WEG zu tun. Er ist verantwortlich für den Erhalt der Gebäudehülle und der Technik des Hauses, welche unter anderem das Heizungssystem, die Aufzüge und Rauchwarnmelder miteinschließt. Herr Weidlich schätzt die Betreuung der Denkmalgeschützen Gebäude auf der Karl-Marx-Allee als grundsätzlich komplexer und schwieriger ein.

Fest steht, dass fast alle Veränderungen einer Verfahrenspflicht unterworfen werden und die Genehmigung kann nur erteilt werden, wenn eine beabsichtigte Maßnahme denkmalverträglich oder aus überwiegend öffentlichen oder privaten Interessen erforderlich ist, laut Dr. Jörg Spennemann, Oberlandesanwalt in Landesanwaltschaft Bayern (2020).

Im Juli 2015 wurde der zweite Abschnitt sogar aufgrund seiner Bedeutung und der strukturellen Eigenart mit Senatsbeschluss als Fördergebiet in das Programm Städtebaulicher Denkmalschutz aufgenommen. Grund dafür ist der Erhalt der Qualität unter Veränderung der Lebensbedürfnisse so das Land Berlin (Senatsverwaltung, n.d.). Das Bundesinstitut für Bau-, Stadt- und Raumordnung (BBSR) beschreibt das Programm wie folgt:

> Das Programm sollte dazu beitragen, dass die historischen Stadtkerne und Stadtquartiere sich zu lebendigen Orten entwickeln, die für Wohnen, Arbeit, Kultur und Freizeit gleichermaßen attraktiv sind und sowohl Einwohner als auch Besucher anziehen. Auch als Wirtschafts- und Standortfaktor stellen baukulturell wertvolle Stadtkerne und Stadtquartiere ein großes Potenzial dar: Aufgrund ihres historisch gewachsenen Stadtkerns und ihres individuellen Erscheinungsbildes sind sie attraktiv für Touristen und werden von Unternehmen bei der Standortwahl bevorzugt. Darüber hinaus stärken Sanierungsmaßnahmen die örtliche mittelständische Wirtschaft, insbesondere das Handwerk (Bundesministerium für Wohnen, Stadtentwicklung und Bauwesen, o.D).

Im Jahr 2021 hat das Land Berlin die ehemalige Paradestraße sogar für eine Aufnahme in die Oberste Denkmalschutzbehörde UNESCO-Welterbe vorgeschlagen (Bürgerverein Hansaviertel e. V, 2022).

Abb. 1 Berliner Antrag für UNESCO-Welterbe

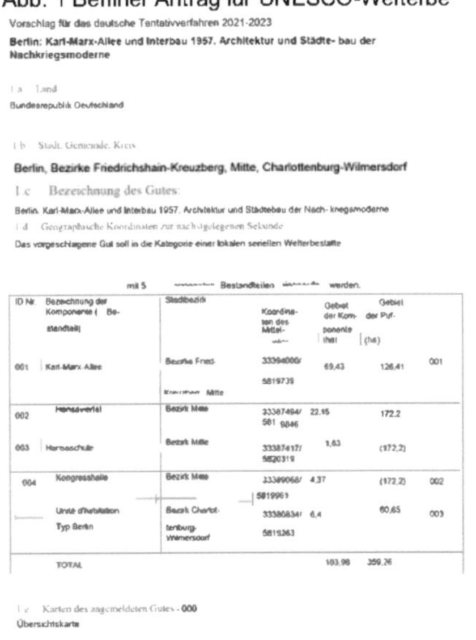

Vorschlag für das deutsche Tentativverfahren 2021-2023

Berlin: Karl-Marx-Allee und Interbau 1957. Architektur und Städte- bau der Nachkriegsmoderne

1 a   Land

Bundesrepublik Deutschland

1 b   Stadt, Gemeinde, Kreis

Berlin, Bezirke Friedrichshain-Kreuzberg, Mitte, Charlottenburg-Wilmersdorf

1 c   Bezeichnung des Gutes:

Berlin, Karl-Marx-Allee und Interbau 1957. Architektur und Städtebau der Nach- kriegsmoderne

1 d   Geographische Koordinaten zur nachstgelegenen Sekunde

Das vorgeschlagene Gut soll in die Kategorie einer lokalen seriellen Welterbestätte

mit 5 Bestandteilen werden.

ID Nr.	Bezeichnung der Komponente (Bestandteil)	Stadtbezirk	Koordinaten des Mittel-	Gebiet der Komponente (ha)	Gebiet der Puf- (ha)	
001	Karl-Marx-Allee	Bezirke Fried- Kreuzberg, Mitte	33394000/ 5819739	69,43	126,41	001
002	Hansaviertel	Bezirk Mitte	33387494/ 581 9846	22,15	172,2	
003	Hansaschule	Bezirk Mitte	33387417/ 5820319	1,63	(172,2)	
004	Kongresshalle	Bezirk Mitte	33389068/ 5819961	4,37	(172,2)	002
	Unité d'habitation Typ Berlin	Bezirk Charlottenburg-Wilmersdorf	33380834/ 5819263	6,4	60,65	003
	TOTAL			103,98	359,26	

1 e   Karten des angemeldeten Gutes - 000

Übersichtskarte

- 001 Karl-Marx-Allee

Quelle: https://hansaviertel.berlin/wp-content/uploads/2021/12/Berlin_Karl-Marx-Allee-und-Interbau-1957_Bewerbungsunterlagen-1.png

Durch die Aufnahme in das Welterbe würde es laut Herrn Weidlich noch anspruchsvoller sein die Substanz des Gebäudes zu erhalten (Techniker in der Hausverwaltung Optima GmbH, persönliches Interview am 09.06.2022). Der Erhalt der Substanz und grundsätzlich das Thema Modernisierung wird im nächsten Kapitel näher thematisiert.

2.3 Nachhaltigkeit und Energieeinsparung

Die Karl-Marx-Allee unterliegt einem Denkmalplan mit umfassenden Planungs- und Handlungskonzept. So müssen sich Property – und Facility Manager an strenge Denkmalgeschütze Auflagen halten. Darunter zählt, dass jede Renovierung einer Rücksprache mit dem Denkmalamt in Berlin bedarf (Techniker in der Hausverwaltung Optima GmbH, persönliches Interview am 09.06.2022). Geregelt werden die Rechtsgrundlagen dazu im Denkmalschutzgesetz Berlin (DSchG Bln) vom 24. April 1995, welche auch Vorschriften für Zuwendungs- und Steuerangelegenheiten enthält, was für potenzielle Investoren interessant sein kann.

Für die Verwaltung und die Technik ist es jedoch interessant, dass grundsätzlich nur der sichtbare Teil eines Hauses nicht verändert werden darf. Oft gibt es aber auch Auflagen für den Innenausbau, besonders zu beachten sei hierbei, dass sich mit den Baubehörden vorher abgestimmt wird (Schönauer, 2007). So kann es schnell passieren, dass bei durchgeführten, nicht genehmigten kleinen Veränderungen umgehend eine Klage wegen Bestandsveränderung vorliegt. Ebenso wie eine Anordnung auf „denkmalgerechte Wiederherstellung und Rückführung auf den früheren Zustand" nach §13 DSchG Bln (Stalinbauten, 2020). Beispiele für originalgetreue Erhaltung sind die Kastendoppelfenster sowie die Verkleidung der Fassade. Schäden sind Material- und Handwerksgerecht instand zu setzen. Da die Originalfiesen der Fassade heute nicht mehr hergestellt werden, dürfen nur spezielle Fliesenleger, die als Restaurator in der Handwerkskammer registriert sind, die Instandsetzung dieser übernehmen. Ebenso muss ein spezielles Farbschema der Fliesen eingehalten werden (Techniker in der Hausverwaltung Optima GmbH, persönliches Interview am 09.06.2022).

Abb. 2 Fliesen der Fassade an der Karl-Marx-Allee

Quelle: eigene Aufnahme

Es wurde angenommen, dass bei einem 1950er Bau, welcher unter Denkmalschutz steht, eine nicht ausreichende Isolation herrscht. Somit könnten höhere Heizkosten auf Nutzer zukommen als bei modernisierten Gebäuden oder Neubauten. Auch die erwähnten Doppelkastenfenster sind Bauelemente, welche den Wärmeverlust begünstigen.

Laut der Website energie-experten machen veraltete Fenster immerhin 15% des Wärmeverlusts eines Hauses aus (2021). Es stellte sich die Frage, ob eine energetische Sanierung, beispielsweise durch eine Dämmung, bei einem denkmalgeschützten Gebäude umsetzbar ist. Die Karl-Marx-Allee hat jedoch sehr dicke Wände, so dass der Energieverlust nicht besonders hoch ist. Außerdem weist das Haus ein modernes Heizsystem auf, welches damals gut geplant wurde. Der Aufwand wäre hoch diese Gebäude energetisch zu Sanieren und daher nicht sinnvoll (Techniker in der Hausverwaltung Optima GmbH, persönliches Interview am 09.06.2022).

3 Methodik

In der vorliegenden Arbeit wurde sich verschiedener Forschungsmethoden bedient. In diesem Kapitel wird näher auf die Vorgehensweise und die Verwendung der relevanten Literatur eingegangen. Unter anderem wurde sich für eine empirische Forschungsmethode entschieden. Es wurde sich eines qualitativen Experteninterviews und seiner Expertise bedient, um möglichst detaillierte Informationen und Daten zu gewinnen. Hierfür wurden hauptsächlich offene Fragestellungen verwendet, um eine möglichst beste Einschätzung des Themas erfassen zu können. Der Experte ist ein Techniker der Hausverwaltung Optima GmbH, welcher die denkmalgeschützen Bauten in der Karl-Marx-Allee betreut. Der Befragte Interviewpartner hat einer Gesprächsaufnahme nicht zugestimmt, weshalb Mitschriften angefertigt wurden. Das Experteninterview ist der Arbeit angehangen. Es ergaben sich im Laufe des Interviews noch weitere Themen, die über die Fragen hinausliefen, wie die Aufnahme in das UNESCO-Weltkulturerbe und die Folge dessen.

Die verwendete Literatur enthält neben Büchern und Zeitschriften auch einige Internetquellen. Bei den Internetquellen wurde versucht sich weitestgehend seriösen Quellen zu widmen und diese in das Thema einzubinden. So wurde auch stets auf fachkundige Autoren geachtet. Es wurden auch einige Internetseiten von öffentlichen Institutionen wie der Senatsverwaltung in Berlin oder des Bundesministeriums für Wohnen, Stadtentwicklung und Bauwesen verwendet. Die verwendeten Buchquellen beziehen sich bei dieser Arbeit zum größten Teil auf das Thema Denkmalschutz. Die Nachhaltigkeit wurde weitestgehend mit aktuellen Artikeln behandelt und der empirischen Forschung durch das Experteninterview.

Es lagen weniger Buchquellen zu dem historischen und politischen Teil der Arbeit vor wie Anfang angenommen. Ebenso wie zum Thema des Baustils und der Veränderung im Laufe der Zeit. Hierfür wurden die Informationen häufig aus zahlreichen Internetquellen erarbeitet, um eine geeignete Objektivität zu gewährleisten. Es konnte dennoch genügend Information erhoben werden, somit stellte dies kein Problem für das Verfassen der Arbeit dar.

Quantitative Forschungsmethoden wie Umfragen wären bei der Bearbeitung weniger sinnvoll gewesen, da tiefergehende Informationen und Expertenwissen benötigt wurden für die Bearbeitung des vorliegenden Themenbereichs. Es konnten ebenso wertvolle neue Erkenntnisse gewonnen werden durch die verwendeten offenen Fragestellungen. Die Fragen für das Experteninterview wurden umfangreich und gut gewählt, so konnten die Antworten von Herr Weidlich in den relevanten Kapiteln dieser Arbeit gut eingebunden werden.

4 Forschungsergebnisse

Nach Recherche und Ausarbeitung des theoretischen Teils dieser Arbeit lässt sich sagen, dass die Karl-Marx-Allee tatsächlich eine historische und architektonische Besonderheit aufweist. So gibt es keine Straße, welche die Geschichte von Berlin so gut widerspiegelt. Wegen dieser Hintergründe wurde sie auch bis zur heutigen Zeit in ihrer Pracht erhalten. Mit diesem Hintergrundwissen sind auch die darauf liegenden Gebäude jeweils verschiedener politischer Zeitabschnitte zuzuordnen. So wurden die Gebäude im Zuckerbäckerstil zur Zeit der russischen Besetzung nach dem Zweiten Weltkrieg errichtet.

Mit der immer größer werdenden Ablehnung gegenüber diesem Regime veränderte sich ebenso die Architektur hin in die Moderne. Somit richtete sich der Baustil nach den gesellschaftlichen, politischen und kulturellen Strömen dieser Zeit.

Es dürfen aufgrund der zahlreichen strengen Denkmalschutzauflagen nur Veränderungen mit einer Genehmigungspflicht umgesetzt werden. Der wichtigste Aspekt ist der Erhalt der Substanz, da diese nicht einfach erneuert werden kann bspw. auch Bestandteile wie die Fliesen oder die vielen Ornamente nicht mehr in der Art hergestellt werden. Sie können nur von einigen wenigen handwerklichen Unternehmen restauriert werden.

Anfangs wurde angenommen, dass sich das Verwalten von denkmalgeschützen Gebäuden, wie die auf der Karl-Marx-Allee, schwieriger gestaltet als bei anderen Bestandsobjekten. Es gibt die sogenannte Schutzaussagen zum Baukörper, Fassade, Gewerbezone und der Innenausstattung. Die Außenanlagen sind ebenso genehmigungspflichtigen Maßnahmen unterstellt. So gibt es genaue Regelungen für die Grünflächen, die Verkehrsflächen und das Straßenmobiliar. Zum letzten Punkt gehören unter anderem Poller, Gitter, Papierkörbe und ortsfeste Fahrradständer, diese sind im gesamten Freiraum der Karl-Marx-Alle in ihrem „Typ" gleich zu halten (Stalinbauten, 2020).

Aus dem Experteninterview ging die Aussage hervor, dass sich die Betreuung dieser Bauten als Techniker als schwieriger erweist als bei nicht denkmalgeschützen Gebäuden (Techniker in der Hausverwaltung Optima GmbH, persönliches Interview am 09.06.2022). Dieser Aussage kann zugestimmt werden, da es tatsächlich zu fast allen Bereichen und Baubestandteilen dieser Immobilien einen geregelten Denkmalpflegeplan gibt.

Eine weitere Annahme dieser Arbeit war die erschwerte Modernisierung dieser Gebäude. Da das Thema Umwelt und Nachhaltigkeit sehr aktuell ist, stellte sich die Frage, wie so eine energetische Sanierung bei einem so von Vorschriften eingeschränkten Objekt umzusetzen ist.

Immerhin ist eine Gebäude Wärmedämmung eine der wirtschaftlichsten Maßnahmen für eine Reduktion der CO2-Emissionen (energie.experten, 2021).

Die Modernisierung der Anlage in Bezug auf Energieeffizienz ist jedoch kein Gegenwärtiges Problem. Das Gebäude wurde damals laut Aussagen von Herr Weidlich mit einem modernen Heizsystem erbaut. Außerdem wurden die Wände damals sehr dick gebaut, sodass es der Wärmeverluste im Gebäude nicht hoch ist. Zusätzliche Dämmungen oder eine gesamte energetische Sanierung sind somit nicht nötig. Es wäre außerdem mit hohem Aufwand verbunden.

5 Schlussfolgerung

Schlussendlich kann behauptet werden, dass sich das Thema als sehr facettenreich herausstellt und in vielerlei Hinsicht bearbeitet werden kann auch mit Bezug auf das Praxisunternehmen. Das Thema Denkmalschutz kann somit kulturell, ökologisch und wirtschaftlich betrachtet werden. Es wurde die kulturelle Bedeutsamkeit durch die prägende Hintergrundgeschichte dargestellt. Ebenso wurden Erkenntnisse über den Stellenwert der Nachhaltigkeit gezogen (Wild, M. et al., 2014).

Auch wenn die Gebäude eine schlechte Isolierung oder enorme anderweitige Wärmeverluste aufweisen würden, kann dies so hingenommen werden. Es darf laut Gesetz von den Anforderungen des Gebäudeenergiegesetzes (GEG) abgewichen werden bei erhaltenswerter Substanz. Dies ist im § 105 GEG Baudenkmäler und sonstige besonders erhaltenswerte Bausubstanz geregelt. Das GEG enthält Vorgaben, die sich vorwiegend auf die Heizungstechnik und den Wärmedämmstandard eines Gebäudes beziehen (Bundesamt für Justiz, 2020).

Das Thema Umweltschutz und Energieeffizienz rückt somit etwas in den Hintergrund. Das deckt sich auch mit der Aussage von Herrn Weidlich aus dem Interview. Er behauptete, dass die Regierung in solchen Fällen den Denkmalschutz und den Erhalt des Gebäudes in seiner ursprünglichen Form über die umwelttechnischen Aspekte stellt.

Die Bauten sind bei Mietern sehr beliebt aufgrund der guten Lage und des Prestiges. Das belegen die niedrigen Leerstandsquoten laut Herr Weidlich. Eine freie Wohnung in dieser Straße bleibt nicht lange ein Leerstand. Eigentümern und Vermietern ist es ebenso möglich, höhere Mieten zu verlangen als üblich aufgrund der hohen Nachfrage (Techniker in der Hausverwaltung Optima GmbH, persönliches Interview am 09.06.2022). Ob der Besitz eines solchen Gebäudes oder der Wohnungen dessen rentabel ist, gilt es zu prüfen. Fest steht, dass aufgrund der höheren Instandhaltungskosten durch die zahlreichen Auflagen es Eigentümern möglich ist, staatliche Förderungen zu beziehen (Schönauer, I. 2007).

6 Fazit

Im folgenden Kapitel findet eine wertende Zusammenfassung dieser Arbeit statt.

Diese Arbeit liefert Informationen über den Denkmalschutz in Berlin in Zusammenhang mit dem Thema Nachhaltigkeit und ob diese in seiner bekannten Form umgesetzt werden kann, bspw. eine energetische Sanierung.

Grundsätzlich wurden bei dieser Arbeit Literaturrecherche und empirische Forschung gut miteinander vereint. Ein Experteninterview war für diesen Umfang der Arbeit ausreichend, jedoch sollten in der Bachelorarbeit mehr qualitative Interviews oder Befragungen durchgeführt werden zu diesem Thema, um noch mehr Meinungen und Expertisen gegenüberstellen zu können.

Vorzugsweise sollten in Zukunft Verwalter befragt werden, die im direkten Kontakt zu ihren Auftraggebern stehen oder sogar direkt Eigentümer von denkmalgeschützen Objekten.

Letztendlich stehen diese Gebäude aus gutem Grund unter Denkmalschutz. Hierbei spielt die Geschichte auch eine größere Rolle als das Alter der Bauten. In der vorliegenden Arbeit wurde historisch und politisch ausgeholt, um zu verstehen, weshalb diese Bauten eine so starke Bedeutung haben und in Programme aufgenommen werden. Das Thema Denkmalschutz ist wahrscheinlich einer der einzigen Themenbereiche im Immobilienmanagement, in dem Energieeffizienz und $CO2$ Emission heutzutage keine große Rolle spielen.

So ist es sinnvoll, sich als Verwaltung oder als Eigentümer mit den Regelungen zum denkmalgeschützen Gebäuden zu befassen und die Wirtschaftlichkeit dieser Gebäude zu prüfen. Auf Grundlage dessen können für die nachfolgende Arbeit einige Themen der Wirtschaft stärker in Fokus gerückt werden. Damit ist unter anderem die Rentabilität dieser Immobilien in Bezug auf Kapitalanlagen gemeint. So kann sich näher mit den Themen Werterhalt und steuerliche Begünstigungen beschäftigt werden. Auch die Aufnahme in das UNESCO-Weltkulturerbe im Jahr 2024 sollte Einfluss auf den Wert und die Investitionsentscheidungen haben.

Literaturverzeichnis

Abb.1 Berliner Antrag für UNESCO-Welterbe https://hansaviertel.berlin/wp-content/uploa
ds/2021/12/Berlin_Karl-Marx-Allee-und-Interbau-1957_Bewerbungsunterlagen-1.png

Bahr, A. (2022). *Erbe erhalten – Zukunft gestalten. Welterbetag.*
https://www.stalinbauten.de/welterbetag22/

Balzereit, X. (2022) *Berliner Straßen Geschichte der Karl-Marx-Allee: Aufstände, Arbeiterpaläste,
Ausverkauf.* https://www.tip-berlin.de/stadtleben/geschichte/karl-marx-allee-geschichte-sta-
linallee/

Berlin.de. (2021). *Karl-Marx-Allee.*
https://www.berlin.de/sehenswuerdigkeiten/3559790-3558930-karl-marx-allee.html

Berlin Tourismus & Kongress GmbH. (n.d.) *Die frühere Stalinallee in Berlin. Paläste für die Arbeiter
im Sozialismus.* https://www.visitberlin.de/de/stalinallee

Bundesministerium für Wohnen, Stadtentwicklung und Bauwesen (n.d.) *Städtebaulicher
Denkmalschutz.* https://www.staedtebaufoerderung.info/DE/ProgrammeVor2020/Staedte-
baulicherDenkmalschutz/staedtebaulicherdenkmalschutz node.html

Bundesministerium für Justiz. 2020. https://www.gesetze-im-internet.de/geg/__105.html

Bürgerverein Hansaviertel e. V. *Antrag.* (2022) https://hansaviertel.berlin/unesco/antrag/

Energie-experten. (2021). *Bauphysikalische Prinzipien, Maßnahmen und Kennwerte einer
Wärmedämmung.* https://www.energie-experten.org/bauen-und-sanieren/daemmung/waer-
medaemmung

McKerrell, A. (2022). *The Historical Karl-Marx-Allee in Berlin*
https://www.everestate.com/blog/a-walking-tour- of-stalinallee

Peters, G. 2001. Nationale, klassizistische und fortschrittliche« Bautradition »Nationale,
klassizistische und fortschrittliche Bautradition https://berlinge-
schichte.de/bms/bmstxt01/0103prof.htm

Wild, M., Walgern, H. & Kollosche-Baumann, J. (2014) *Energetische Optimierung von Baudenkmälem.* https://denkmalpflege.lvr.de/media/denkmalpflege/publikationen/online_publikationen/14_3029_Leitfaden_Energetische_Optimierung_barrierefrei.pdf

Senatsverwaltung für Stadtentwicklung, Bauen und Wohnen. (n.d.). *Karl-Marx-Allee II. Bauab schnitt – Be-zirk Mitte.* https://www.stadtentwicklung.berlin.de/staedtebau/foerderprogramme/lebendige_zentren/de/gebiete/mit/karl_marx_allee/index.shtml

Schönauer, I. (2007). Verliebt in ein Gebäude. VDI Nachrichten, 31, 13.

Spennemann, J. (2020). Denkmalschutz als Anwendung umweltbezogener Rechtsvorschriften. Natur Und Recht: Zeitschrift Für Das Gesamte Recht Zum Schutze der Natürlichen Lebensgrundlagen Und Der Umwelt, 42(4), 227–237. https://doi-org.pxz.iubh.de:8443/10.1007/s10357-020-3666-5

Stalinbauten. (2020). *Regelwerk für das Denkmalensemble Karl-Marx-Allee und Frankturter Allee.* https://www.stalinbauten.de/wp-content/uploads/2020/01/Regelwerk-Denkmalensemble-KMA-FA.pdf

Zaunbrecher, M. 2020. *Denkmalschutz bei Mietobjekten: Herausforderungen und Chance für Vermieter.* https://objego.de/blog/denkmalschutz-mietobjekt/

Anhang

Anhang A: Experteninterview mit Herrn Weidlich, Techniker der Hausverwaltung Optima GmbH und des Bestands in der Karl-Marx-Allee.

Durchführung am: 09.06.2022

Ort: Büro von Herrn Weidlich

Teilnehmer: Herr Weidlich und Anastasiya Michel

I: Ich hatte mich umgehört und erfahren Sie verwalten Einheiten in der Karl-Marx-Allee. Für welche Einheiten sind Sie genau zuständig?

B: Karl-Marx-Allee 107-131, 106-124

I: Was sind Ihre Aufgaben in diesen Gebäuden?

B: Instandhaltung allumfassend, Gebäudehülle und Technik, darunter Heizungssysteme, Aufzug und Rauchwarmmelder

I: Stehen die genannten Gebäude alle unter Denkmalschutz?

B: Ja, da sie älter als 70 Jahre sind und in der damaligen DDR die Stalinparadestraße war, jetzt hat sie eher eine repräsentative Wirkung

I: Ist die Betreuung als Techniker für diese Einheiten schwieriger als für nicht Denkmalgeschütze Gebäude?

B: Ja!

I: Falls ja, was sind die Aspekte, die es komplizierter machen? Nennen Sie bitte 2-3 Punkte.

B: wegen der Denkmal Geschützen Auflagen, jegliche Renovierungen verlangen Rücksprachen mit dem Denkmalamt und bei leichter Abweichung erhält man gleich eine Klage wegen Bestandsveränderung

I: Kann eine energetische Sanierung normal umgesetzt werden, um beispielsweise Heizkosten zu minimieren?

B: Grundsätzlich nicht notwendig, es ist mit enorm hohem Aufwand verbunden eine energetische Sanierung durchzuführen

-der Wärmeverlust durch die Außenwände ist außerdem nicht hoch, da die Wände sehr dick gebaut wurden damals

-das Haus weist ein relativ modernes Heizsystem auf, es wurde damals gut geplant

- die Regierung stellt in solchen Fällen den Denkmalschutz über die umwelttechnischen Aspekte

I: Ist das Dämmen von Innen Sinnvoll?

B: nein eher kontraproduktiv

I: Würden Sie gerne in einer dieser Wohnungen wohnen?

B: Nein, weil kleine Umbauten nicht möglich sind, z.B. Veränderung der Innenwände

-aber bei Mietern grundsätzlich sehr beliebt, daher null Leerstand und Miete höher als gewöhnlich

-Grund dafür ist die gute Lage (Insiderbezirk), die Geschichte dahinter und Prestige

-2024 soll die Karl-Marx-Allee sogar zum UNESCO Weltkulturerbe gehören, so wird es noch
schwieriger die Substanz zu erhalten, da sogar jetzt schon nur spezielle Firmen beauftragt werden
dürfen bei z.B. der Instandhaltung der Fliesen
-hier muss ein spezieller Fliesenleger als Restaurator registriert sein in der Handwerkskammer, da
die Originalfliesen nicht mehr herstellt werden
I: Vielen Dank für Ihre Zeit und das informative Interview